SITZUNGSBERICHTE DER SÄCHSISCHEN AKADEMIE
DER WISSENSCHAFTEN ZU LEIPZIG

Mathematisch-naturwissenschaftliche Klasse
Band 120 · Heft 7

EUGEN-GEORG WOSCHNI

HEINRICH BARKHAUSEN UND DIE ENTWICKLUNG DER ELEKTRONIK

Mit 13 Abbildungen und 1 Tabelle

AKADEMIE-VERLAG BERLIN
1988

Vorgetragen in der Sitzung am 8. Mai 1987
Manuskript eingereicht am 19. Juni 1987
Druckfertig erklärt am 5. Sept. 1988

ISBN 3-05-500559-7
ISSN 0371-327X

Erschienen im Akademie-Verlag Berlin, DDR - 1086 Berlin, Leipziger Straße 3—4

Lizenznummer: 202 · 100/383/88
Printed in the German Democratic Republic
Gesamtherstellung: VEB Druckhaus „Maxim Gorki", 7400 Altenburg
LSV 3005, 1105
Bestellnummer: 7638538 (2027/120/7)

00400

Es ist oft schwierig, Probleme der Technik verständlich und interessant darzustellen. Dies gilt selbst für Gebiete, die sich in spektakulärer Entwicklung befinden, wie die Elektronik. Ein allgemeinverständlicher Zugang dürfte nicht die mathematisch-abstrakte Art der Darstellung sein — wie sie insbesondere auch durch den Siegeszug des Computers immer mehr in den Vordergrund rückt — sondern die von den physikalischen Überlegungen ausgehende Betrachtungsweise. Ein Meister dieser Art zu denken war mein Lehrer Prof. Dr. Heinrich Barkhausen, bei dem ich das Glück hatte, zu studieren und zu diplo-

Abb. 1. Heinrich Barkhausen (Aufnahme ca. 1950)

mieren. Ich möchte daher die Würdigung dieser Persönlichkeit im Kontext der technischen Entwicklung sehen und zugleich mit der Darstellung des Forschers und Menschen Heinrich Barkhausen die Entwicklung seines Fachgebietes — insbesondere an Hand typischer Beispiele — beleuchten.

Heinrich Barkhausen wurde am 2. Dezember 1881 in Bremen geboren. Er starb 75jährig am 20. Februar 1956 in Dresden. Seit dem 19. Juni 1943 war er Ordentliches Mitglied unserer Sächsischen Akademie der Wissenschaften. Einige von Ihnen werden ihn noch persönlich gekannt haben.

Einleitend möchte ich kurz auf seinen Lebenslauf eingehen, bevor der Forscher und die Persönlichkeit im Mittelpunkt der Darlegungen stehen werden.

Zur Darstellung seiner Herkunft und Jugend möchte ich seine Tochter Marlene Honrath-Barkhausen sprechen lassen — ich zitiere [1] — „Sein Vater war Richter, sein Großvater Arzt, die Verwandten seiner Mutter waren wohlhabende Großkaufleute. Trotzdem war der Lebensstil vieler Bremer und besonders der seiner Eltern äußerlich sehr bescheiden, besonders in bezug auf Kleidung und persönlichen Aufwand, ein Stil, den der Sohn auch für seine spätere Familie stets beibehalten hat."

Sein Vater starb bereits, als Heinrich 14 Jahre alt war. Er muß ein stiller Mann gewesen sein, der nur für seinen Beruf lebte und sich nicht besonders viel mit seinen Kindern beschäftigte. Seine Mutter dagegen war eine außerordentlich originelle und selbständige, vitale Frau mit sehr fortschrittlichen und freiheitlichen Ideen und viel Liebe zur Natur. Sie war eine begabte Malerin, verfertigte, nur zu eigenem Vergnügen, aber mit großem Eifer und viel Ausdauer während ihrer Reisen und bei ihren häufigen Spaziergängen Aquarelle und Skizzen. Nur eine ihrer Töchter hat ihre Begabung geerbt. Heinrich war von Natur aus körperlich und handwerklich eher ungeschickt wie der Vater. Seine praktischen Fähigkeiten leiteten sich mehr aus seinem scharf analysierenden kritischen Verstande her, während seine eigene körperliche Fitness und Sportlichkeit einem stetigen Training von erstaunlicher Regelmäßigkeit und Ausdauer zuzuschreiben ist. Diese körperlichen Übungen hatte bereits seine Mutter von früher Jugend auf angeregt, und er hielt sie unvermindert bis an sein Lebensende durch. Seine allgemeine Freude an Bewegung in der freien Natur trug viel zu seiner sportlichen Aktivität bei.

Nach seinen eigenen Zeugnissen hat er eine ausgesprochen glückliche Jugend gehabt: eine verständnisvolle, fröhliche Familie, zu der auch eine Menge Vettern und Kusinen zählten, und als Schule ein Gymnasium mit kleinen Klassen, fast ohne Hausaufgaben und mit freundlichem Umgangston zwischen Lehrern und Schülern, dessen Unterricht ihm leicht fiel und ihn ansprach. Schon auf der Schule zeigte Heinrich vor allem naturwissenschaftlich-technische Interessen. Er trat einem naturwissenschaftlichen Schülerverein bei, wo einfache physikalische Experimente gemacht wurden. Mangels Interesse der

Abb. 2. Institutsausflüge im Winter auf Skiern in das Erzgebirge

übrigen Mitglieder ging er allerdings sehr zu seinem Bedauern nach einiger Zeit wieder ein.

Nach dem Abitur arbeitete er, bestärkt durch seine Mutter und vermutlich zum gelinden Erstaunen seiner übrigen Familie, zunächst für ein halbes Jahr beim Bremer Eisenbahn-Ausbesserungswerk als Praktikant, wofür er sich einen Arbeitsanzug und rote Taschentücher anschaffte. Der Umgang mit Werkzeugen und Maschinen interessierte ihn sehr, wobei er einerseits die Technik, andererseits handwerkliche Meisterschaft bewunderte. Hier kam er auch mit der damals sonst streng getrennten Welt der Arbeiterschaft in Berührung, was ihm ein dauerndes Verständnis für deren Lebensart einbrachte sowie allgemein eine gänzlich unvoreingenommene Menschenbeurteilung. Es charakterisiert geradezu seinen Umgang mit Menschen während seines ganzen Lebens, daß er in jedem Unbekannten unterschiedslos zunächst einen gleichwertigen „Ehrenmann" sah, dessen Bild er sich nur durch eigene Erfahrung spezialisierte.

Im Herbst 1901 begann er anschließend an das Praktikum ein Studium für

Technische Physik an der Technischen Hochschule in München. Es ließ sich anfangs gut an, Stadt und Land gefielen ihm auch sehr, und die Alpen wurden sogar zu seiner lebenslangen Liebe. Nur der streng geregelte Hochschulbetrieb mit den vielen notwendigen Zeichnungen für Geometrie und Maschinenkunde stieß ihn dann doch ab, so daß er sich entschloß, an die Universität Göttingen zu wechseln, wo damals die Elite der Physik und Mathematik zu finden war. Er brauchte Freiheit und Selbständigkeit, um seine Gaben und seinen Arbeitseifer entwickeln zu können und fand dies im damaligen Göttingen in reichem Maße, ebenso wie die individuelle Anteilnahme seiner Professoren. Das dortige Studium beendete Heinrich Barkhausen im Jahre 1907 mit der Dissertation „Das Problem der Schwingungserzeugung".

Nach der Promotion ging Barkhausen in die Industrie zum Wernerwerk der Siemens & Halske A. G. Er selbst schilderte sehr anschaulich die völlig andere Einstellung zur Theorie, die er hier vorfand — ich zitiere aus einer Tischrede anläßlich seiner Japan-Reise im Jahre 1939 [2] — „Ich muß gestehen, daß ich mich in eine ganz neue und andersartige Welt versetzt fühlte, als ich eine Stelle

Abb. 3. Heinrich Barkhausen als Student in Göttingen [1]

als Ingenieur ... einnahm. Es fehlte mir doch an einer richtigen technischen Vorbildung, insbesondere in konstruktiver Hinsicht. Bezüglich der Theorie war es aber für mich zunächst geradezu beschämend zu sehen, mit welch primitiven Mitteln man sich im allgemeinen ganz gut helfen konnte." (Ich glaube, das gilt auch heute vielfach noch).

Und weiter sagte er in der gleichen Rede über diese Zeit: „Dann kam der dornige Weg von der Theorie zur Praxis, von der Universität zur Fabrik. Manche Fetzen wissenschaftlichen Übermuts blieben an den Dornen hängen und kleinlaut merkte der reifende Mann, daß es in der Praxis noch auf sehr viel anderes ankommt, als nur auf die theoretische Lösung eines Problems. Eingeschüchtert von der spöttischen Sicherheit des Praktikers wollte ich an meiner Wissenschaft fast irre werden. Es dauerte aber nicht lange, bis ich erkannte, daß diese Sicherheit der Praktiker sehr wenig tief gegründet war und stets nur den einzelnen Fall betraf. Nun sah ich mein Ziel vor mir: die wissenschaftliche Forschung so zu betreiben, daß sie eine feste Grundlage für die praktische Ausführung liefert und Ingenieure heranzubilden, die imstande sind, auf diesen Grundlagen aufbauend die praktischen Apparate zu entwickeln."

Dieses Lebensziel wurde bald erfüllt. Nachdem er sich 1910 an der Technischen Hochschule Berlin-Charlottenburg habilitierte, wurde er am 1. April 1911 zum außerordentlichen Professor an die Technische Hochschule Dresden berufen. In eigenen Aufzeichnungen charakterisierte Barkhausen die damalige Situation [1]: „Das war von der Technischen Hochschule Dresden eine außergewöhnliche, fortschrittliche Tat; denn die wissenschaftliche Schwachstromtechnik war damals in ihrem Anfangsstadium und ihre Lehre beschränkte sich an den Hochschulen auf eine Beschreibung der gewöhnlichen Telephon- und Telegraphenanlagen der deutschen Reichspost ... Ich hatte das große Glück, in Dresden volles Verständnis für diese meine Ideen zu finden und dort ein Institut gründen zu können ganz nach meinen eigenen Wünschen. Ein solches Institut für Schwachstromtechnik war damals an den deutschen Hochschulen — und ich glaube auch an Hochschulen aller anderen Länder — etwas ganz Neues. Es gab noch nicht einmal ein schwachstromtechnisches Lehrbuch und ... die Lehrmethoden mußten neu geschaffen werden."

In seiner Antrittsvorlesung umreißt er dieses neue Gebiet. Dabei beschreibt er mit der für ihn charakteristischen Art zu denken u. a. das Gebiet, das sein Forschungsgebiet für das ganze Leben bleiben sollte, die Erzeugung von Schwingungen, ich zitiere aus dieser Antrittsvorlesung [3]:

„Ein anderes nicht uninteressantes Problem bildet die elektrische Klingel. Die gewöhnliche Hausklingelanlage mit ihren Tableau und Fallklappen stellt die primitivste Art einer Kommandoanlage dar, und man sollte glauben, daß an einem so einfachen Apparate wissenschaftlich nichts Beachtenswertes zu finden sei. Und doch haben Gelehrte wie Helmholtz und Rayleigh sich ein-

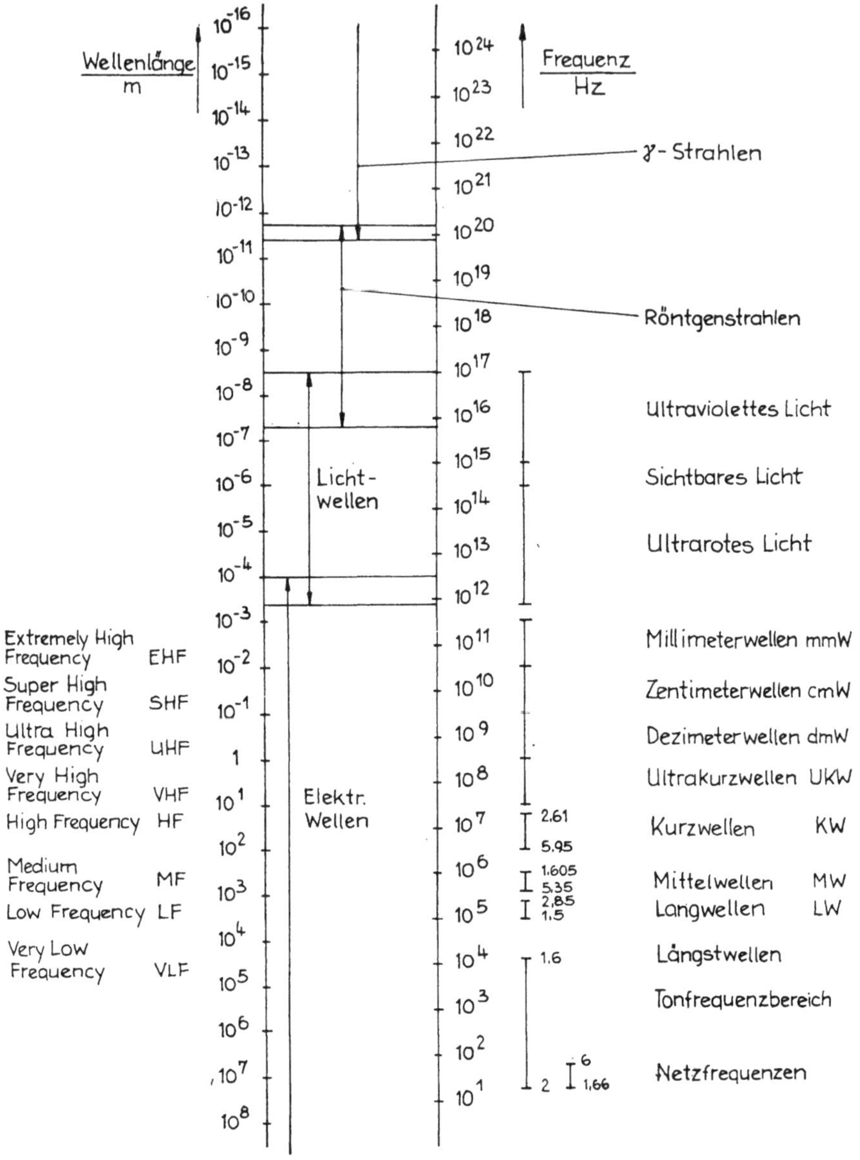

Abb. 4. Die elektromagnetischen Wellen

gehend mit dieser Klingel beschäftigt. Die Theorie zeigt nämlich zunächst, daß eine solche Klingel eigentlich gar nicht klingeln dürfe. Das ist natürlich so zu verstehen, daß die Theorie an sich zwar richtig, aber die Voraussetzungen, die noch jetzt in fast allen Lehrbüchern der Theorie zugrunde gelegt werden, falsch sind. Betrachtet man daraufhin den einfachen Vorgang noch einmal schärfer, so sieht man bald, wo die Angaben zu ändern sind, und dann ist es der Klingel auch theoretisch gestattet, ihren Klöppel schwingen zu lassen. Das mag manchem als eine spitzfindige Spielerei der Gelehrten erscheinen, zumal bei der praktischen Ausführung diese Theorie so gut wie gar nichts nützt. Und doch umfaßt gerade dieses Problem eine durch alle Gebiete der Physik und Technik verbreitete Erscheinungsgruppe, das selbsttätige Auftreten von Schwingungen."

Auch andere bemerkenswerte Gedanken zur Reihenfolge von theoretischen Überlegungen und praktischen Anwendungen findet man in dieser Antrittsvorlesung [3]. Er führt zu dieser Problematik aus: „Eigentümlich ist der Entwicklungsgang bei der drahtlosen Telegraphie. Schreitet sonst bei Erfindungen meistens die Praxis kühn unternehmend voran, während die Theorie erklärend hinterdrein kommt, so war der Vorgang hier gerade umgekehrt: erst mathematische Grundlage, dann physikalische Folgerung und schließlich technische Anwendung. Der Mathematiker Maxwell folgerte aus seinen Gleichungen, daß unter gewissen Bedingungen, nämlich bei sehr hohen Wechselzahlen des elektrischen Stromes, elektromagnetische Energie sich strahlenförmig ausbreiten müsse, und daß diese elektromagnetischen Strahlen dem Wesen nach genau dasselbe seien wie die mit dem Auge wahrnehmbaren Lichtstrahlen, nur in der Größenordnung davon verschieden. Dadurch angeregt, gelang es mehrere Jahre später dem Physiker Hertz, diese von Maxwell vorausgesagte Strahlung experimentell zu erzeugen und die Vorgänge bei der Ausstrahlung im einzelnen aufzuklären. Da war es nur noch ein naheliegender, aber darum nicht minder kühner Schritt des Technikers Marconi, diese bisherigen Laboratoriumsversuche ins Große zu übertragen und zu einer praktischen Telegraphie zu verwenden."

Nur wenige Jahre nach seiner Berufung beginnt der erste Weltkrieg. Barkhausen wird von 1915 bis 1918 als wissenschaftlicher Hilfsarbeiter zur Inspektion des Torpedowesens, Kiel verpflichtet. Hier arbeitete er an Problemen der Unterwasser-Schallausbreitung und in diesem Zusammenhang begann er Untersuchungen zu den damals neuen Bauelementen, die die gesamte Schwachstromtechnik revolutionierten, den Elektronenröhren. Deren Erforschung einschließlich der Anwendungsforschung bestimmte sein Lebenswerk. Bereits Ende 1917 entstand eine erste zusammenfassende Beschreibung der Arbeitsweise sowie über die Parameter der Elektronenröhren. Bereits hier findet man die mit seinem Namen verknüpfte „Röhrengleichung" $SDR_i = 1$, die in Erweiterung auch für die heutigen Transistoren zutrifft.

Abb. 5. Heinrich Barkhausen demonstriert den Barkhausen-Effekt [1]

In diese Zeit fallen weitere spektakuläre Entdeckungen, wie die der sog. Barkhausen-Sprünge als Magnetisierungssprünge im Eisen sowie die der Barkhausen-Kurz-Schwingungen. Erstere bereicherten wesentlich die Werkstofforschung, letztere waren die Grundlage für ein Vordringen zu höheren Frequenzen, d. h. zu kürzeren Wellenlängen der elektromagnetischen Wellen. Kürzere Wellenlängen waren und sind von entscheidender Bedeutung für die Nachrichten- und Ortungstechnik. Mit der Verkleinerung der Wellenlänge verringern sich im gleichen Maße die Abmessungen der Antennen und man kann bei technisch handhabbaren Antennen-Abmessungen eine bessere Richtwirkung der abgegebenen Strahlung erreichen. Aber auch die notwendigen Abmessungen der die Strahlung reflektierenden zu ortenden Ziele verkleinern sich, d. h. die Auflösung des Radarbildes, das die reflektierte Strahlung auf dem Bildschirm darstellt, wird feiner. Im 2. Weltkrieg führte bekanntlich die Tatsache, daß die Alliierten als erste über Sender mit kürzerer Wellenlänge verfügten, zu einem Vernichten der gesamten faschistischen U-Bott-Flotte in kurzer Zeit. Unter Flugzeugen montierte Radargeräte konnten wegen der kurzen Wellenlänge, die kleiner als die Schnorchel der U-Boote waren, eine Ortung vornehmen, so daß gezielt Wasserbomben geworfen werden konnten.

Ein anderes uns allen, die wir den 2. Weltkrieg erlebt haben, bekanntes Beispiel ist der Abwurf von Streifen aus Aluminiumfolie mit den Abmessungen der Wellenlänge der verwendeten Radarstrahlung zum Stören der Radarortung, wegen der Wirkung als Dipol im damaligen Sprachgebrauch zu „Düppel" verunstaltet. Diese Folienstreifen reflektierten die Radarstrahlung, so daß das gesamte Radarbild mit Schnee überzogen war. Auch hier fanden die Ingenieure bald einen Ausweg, so daß der Abwurf bald wieder eingestellt wurde: Unter Ausnutzung der Frequenzverschiebung bewegter Objekte nach dem Doppler-Prinzip konnten die sich bewegenden Flugzeuge herausgefiltert werden. Damit war zugleich das zur Geschwindigkeitsmessung geeignete Radarprinzip technisch machbar, wie es heute z. B. von der Verkehrspolizei eingesetzt wird. Findige Ingenieure haben auch hier eine Gegenmaßnahme gefunden: Eine an der Frontseite des Kraftfahrzeuges befindliche Antenne registriert die Radarstrahlung und erzeugt einen Pfeifton zur Warnung des Fahrers — bei uns übrigens nicht zugelassen. In den USA werden derartige Geräte angeboten, und ich selbst habe mich bei einem USA-Aufenthalt von der Wirksamkeit dieser Warneinrichtung überzeugen können.

Der Drang zu immer höheren Frequenzen hat seit Erfindung der Barkhausen-Kurz-Schwingungen wegen der bei höheren Frequenzen möglichen Übertragung breitbandigerer Signale unvermindert angehalten. Da man für ein Telefongespräch eine Bandbreite von ca. 3 kHz benötigt, kann man durch eine Umsetzung der Gespräche auf höhere Frequenzen mittels einer Amplitudenmodulation die einzelnen Gespräche frequenzmäßig aufeinander „stapeln" — sog. Frequenzmultiplex — und z. B. bei einer Breitbandübertragung mit 300 kHz fast 100 derartige Gespräche über eine Leitung oder auch drahtlos über Richtfunkstrecken übertragen. Zum Vergleich sei vermerkt, daß man für einen Fernsehkanal eine Bandbreite von 5 MHz benötigt, d. h., man könnte anstelle eines Fernsehkanals über 1000 Gesprächskanäle unterbringen. In dem enorm größeren Bandbreitenbedarf der Bildübertragung liegt auch das Problem beim „Bildtelefon", dessen Lösung erst mit der Lichtwellenleiterübertragung in Sicht ist.

Inzwischen ist neben diese Übertragung nach analogem Prinzip die Digitalübertragung getreten, bei der die Nachricht in eine Folge von Spannungsimpulsen umgesetzt wird (Puls-Code-Modulation; PCM). Dabei werden die verschiedenen Kanäle — z. B. Telefongespräche — nicht mehr frequenzmäßig, sondern zeitmäßig geschachtelt. Diese Zeitmultiplex-Verfahren werden heute für fast alle neuen Verbindungen eingesetzt. Sie haben den Vorteil einer größeren Unempfindlichkeit gegenüber Störungen und lassen sich mit den digitalen Schaltkreisen leichter realisieren. Außerdem spart man die teureren Frequenzfilter ein, die mit Spulen aufzubauen sind. Allerdings benötigen diese Verfahren eine größere Bandbreite: Vorteile auf einem Gebiet sind stets mit Nachteilen auf einem anderen zu bezahlen.

Genügende Bandbreite steht bei den modernen Übertragungsverfahren mit Lichtwellenleitern zur Verfügung. Allerdings lassen sich bei Lichtwellen wegen der Dämpfung in der Atmosphäre keine Übertragungen durch Abstrahlung mehr realisieren. Lichtwellenleiter aus Spezialglas sind hier heute die Lösung

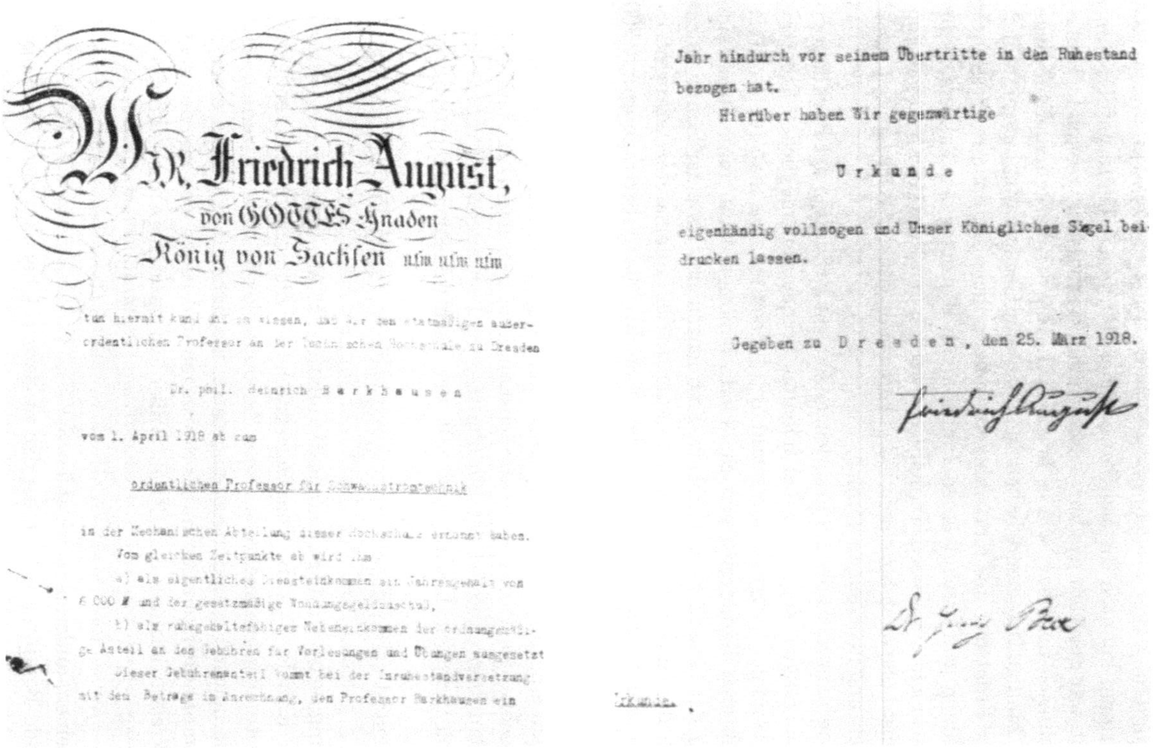

Wir, Friedrich August, von GOTTES Gnaden König von Sachsen usw usw usw

tun hiermit kund [illegible] wissen, daß [illegible] den etatmäßigen außerordentlichen Professor an der Technischen Hochschule zu Dresden

Dr. phil. Heinrich Barkhausen

vom 1. April 1918 ab zum

ordentlichen Professor für [illegible]

in der Mechanischen Abteilung dieser Hochschule ernannt haben.

Vom gleichen Zeitpunkte ab wird ihm

a) als eigentliches Diensteinkommen ein Jahresgehalt von 6 000 M und der gesetzmäßige Wohnungsgeldzuschuß,

b) als ruhegehaltsfähiges Nebeneinkommen der ordnungsmäßige Anteil an den Gebühren für Vorlesungen und Übungen ausgesetzt.

Dieser Gebührenanteil kommt bei der Inruhestandversetzung mit dem Betrage in Anrechnung, den Professor Barkhausen ein

Jahr hindurch vor seinem Übertritte in den Ruhestand bezogen hat.

Hierüber haben Wir gegenwärtige

Urkunde

eigenhändig vollzogen und Unser Königliches Siegel beidrucken lassen.

Gegeben zu Dresden, den 25. März 1918.

Urkunde.

a b

Abb. 6. Urkunde zur Ernennung zum ordentlichen Professor [1] und mit ihnen kann das Feld der Breitbandkommunikation mit den Möglichkeiten der Bildübertragung z. B. für Fernkonferenzen, Teletext und Telefax erschlossen werden, wie heute u. a. unter den Stichworten „Neue Dienste" oder „Kabelfernsehen" bekannt.

Nach diesem kurzen Ausblick auf die Entwicklung einer „Spektrallinie" aus dem Gesamtspektrum der von Barkhausen bereits frühzeitig bearbeiteten Forschungsgebiete nun zurück in das Jahr 1918. Am 1. April 1918 erfolgte die Ernennung zum ordentlichen Professor für Schwachstromtechnik an die Technische Hochschule Dresden. Damit begann die zweite Aufbauphase des Institutes für Schwachstromtechnik und eine weltweit gewürdigte Tätigkeit an dieser Hochschule bis zu seinem Tode am 20. Februar 1956 im Alter von 75 Jahren, nur kurzzeitig unterbrochen durch die völlige Zerstörung des Institutes am 13. Februar 1945 und die Rückkehr von Barkhausen nach Dresden im Juni 1946.

Diese Schaffensperiode ist gekennzeichnet durch die Schaffung eines weltbekannten, in viele Sprachen übersetzten 4bändigen Standardwerkes „Elektronenröhren", das der Verfasser die Ehre hatte auf Wunsch von Barkhausen nach dessen Tode fortführen zu dürfen und das in 12 Auflagen erschienen ist. Zahl-

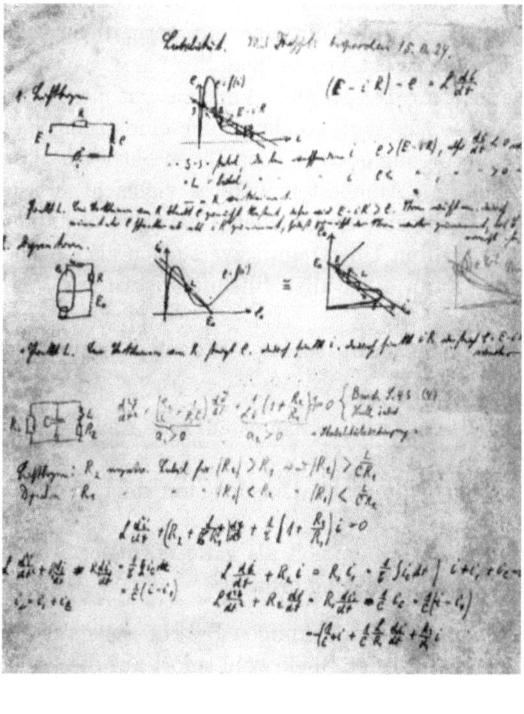

Abb. 7. Manuskriptseite zu seinem Buch „Elektronenröhren" (aus dem Nachlaß)

reiche Veröffentlichungen, u. a. zur Entwicklung eines Geräuschmessers und zur Einführung der Lautstärkeeinheit Phon zeugen von der wissenschaftlichen Effektivität dieser Zeit. Einladungen zu Tagungsbesuchen und Vortragsreisen, u. a. nach Japan — finanziert durch seine Schüler —, zahlreiche Ehrungen, u. a. mit dem Nationalpreis der DDR sowie durch Berufung in Akademien und wissenschaftliche Gesellschaften — Sächsische Akademie der Wissenschaften 1943, Deutsche Akademie der Wissenschaften (heute Akademie der Wissenschaften der DDR) 1949 sowie Berufung zum Vizepräsidenten des American Institute of Radio Engineers sind Ausdruck der Würdigung seiner weltweitbekannten Leistungen als „Pionier der Schwachstromtechnik".

Auch bezüglich der Verbindungen von Hochschule und Industrie ist Barkhausen seiner Zeit voraus. Ich selbst habe während meiner Tätigkeit bei Barkhausen vielfältige Industriebesuche erlebt. Stets hat er besonderen Wert auf die Kontakte zur Praxis gelegt. So drückt er z. B. in Briefen kurz nach seiner Berufung im Jahre 1919 seine Meinung zu diesem Problem wie folgt aus [1]: „Eine gewisse Forschertätigkeit ist für ein Hochschulinstitut unbedingt erforderlich, wenn der lebendige Kontakt mit der rastlos fortschreitenden Technik aufrecht erhalten werden soll. Nur wenn man selbst mit voranschreitet, wenn man selbst auch als der gebende, nicht nur immer als der empfangende Teil auftritt, ist auf die Dauer eine Zusammenarbeit möglich. Das gilt besonders auf dem Gebiet der Schwachstromtechnik, wo der einzelne mit verhältnismäßig bescheidenen Mitteln wertvolle Erfolge zu erzielen vermag."

In einem Brief an K. W. Wagner im Telegraphen-Versuchsamt heißt es: „Bredow hat mir nicht nur jede Hilfe zugesagt, sondern auch eine große Station für ungedämpfte Wellen zur Verfügung gestellt. Von Ihnen hätte ich z. B. sehr gern eine Frankesche Maschine ... Am besten wäre es vielleicht, wenn meine Mitarbeit in irgend einer Form einen offiziellen Charakter bekäme. Könnten Sie nicht mein Institut bei Ihren Übertragungsversuchen als Gegenstation nehmen? Es würden Ihnen dann auch alle Hilfsmittel gern zur Verfügung stehen."

Zur Intensivierung dieser Zusammenarbeit schlug er dem Postminister einige Maßnahmen vor, wie

- häufigere Besprechungen im engeren Kreis, wobei es auf eine rückhaltlose persönliche Meinungsäußerung ankommt,
- Abkommandierung eines Postingenieurs nach Dresden, um mich bei den Arbeiten zu beraten und
- meine Abkommandierung zur Post, bei der ich als ganz normaler Angestellter eine ganz normale Aufgabe zur Lösung erhalte.

Fragen wir nach den Auswirkungen der Entdeckungen Barkhausens auf die heutige Wissenschaft und Technik, so fällt der Blick wohl sofort auf die spektakulärsten, auf die Entwicklungen auf dem Gebiet der Informationstechnik und insbesondere der Mikroelektronik [4].

Im Jahre 1951 schätzt Barkhausen in der seinen Bänden einleitend vorangestellten „Historischen Übersicht" den Entwicklungsstand wie folgt ein — ich zitiere [5]: „Die Entwicklungsjahre, die Sturm-und-Drang-Periode der Elektronenröhre, in der fast jeder Tag interessante Entdeckungen, geistreiche Erfindungen oder neue technische Anwendungen brachte, sind vorüber. Die Elektronenröhre hat das ganze Gebiet der Nachrichtentechnik so ungeheuer erweitert und vervollkommnet, wie es sonst eine einzige Erfindung in der ganzen Geschichte der Technik wohl noch nie getan hat. Die Elektronenröhren bewirkten in der Funktechnik, daß das irgendwo gesprochene Wort an jeder Stelle der Erde unmittelbar gehört werden kann. Die daraus neu entstandene Rundfunktechnik ist mengenmäßig die größte elektronische Industrie geworden". Weiter heißt es: „Ebenso vollkommen haben die Elektronenröhren die verzerrungsfreie Aufzeichnung von Sprache und Musik ermöglicht sowie deren Wiedergabe durch große Lautsprecher. Dies waren die Vorbedingungen für den Tonfilm. Auch das Fernsehen, bei dem in jeder Sekunde 5 Millionen Bildpunkte übertragen werden müssen, ist technisch vollkommen gelöst, seine Benutzung für jedermann nur durch die hohen Kosten behindert.

Die alte Nachrichtentechnik, die Telegrafie und Telefonie über Drahtleitungen, ist ebenfalls durch die Elektronenröhre in ungeahnter Weise vervollkommnet. Die technisch größtmögliche Reichweite ist größer als bis zu den Antipoden, kann also auf unserer Erde gar nicht verwirklicht werden. Man kann ferner mit der Trägerfrequenz-Telefonie über eine einzige Drahtleitung bis zu hundert Ferngespräche gleichzeitig führen und erreicht dadurch eine ungeheure Ersparnis an Leitungsmaterial.

Zahllos sind die durch die Elektronenröhre bewirkten weiteren Fortschritte in der gesamten Signal-, Meß- und Regeltechnik, hauptsächlich in der drahtlosen Fernsteuerung und Fernmessung, die besonders für die Navigation auf See und in der Luft sowie für militärische Anwendungen von der größten Bedeutung sind. Es sei nur an die Radargeräte erinnert.

Bei allen diesen Anwendungen ist die Elektronenröhre für den Ingenieur ein selbstverständliches Instrument des täglichen Gebrauchs geworden, wie es etwa auch der Elektromotor geworden ist, ein Baustein, den man, ohne sich um den inneren Mechanismus viel zu kümmern, überall da einsetzt, wo man sich technische oder wirtschaftliche Vorteile davon verspricht. Alle Eigenschaften und Fähigkeiten der Elektronenröhre sind genau bekannt. Umwälzende Neuerungen sind kaum mehr zu erwarten, weil die Grenze des physikalisch Möglichen erreicht ist."

An dieser Stelle möchte ich betonen, daß bereits zu Barkhausens Lebzeiten im Ansatz vieles dessen vom Prinzip her konzipiert war, was wir heute, nach weiteren 30 Jahren stürmischer Entwicklung auf dem Gebiet der Elektronik, als besondere Errungenschaften betrachten: Die ersten Elektronenrechner lagen vor, Quarzuhren gab es bereits, Fernsehen und UKW-Rundfunk waren entwickelt ebenso wie Radar, ja es gab sogar tragbare Geräte, Portables sagen wir heute, alles bestückt mit Elektronenröhren. Die zugehörige Theorie der Schaltungen war im wesentlichen ausgearbeitet. Mit der Einführung der Halbleiterbauelemente folgte eine drastische Reduzierung des Leistungsverbrauchs der Geräte, verbunden mit einer Verminderung des Raumbedarfs um einige Größenordnungen (Abb. 9). Die Entwicklung der Halbleitertechnologie in Richtung auf integrierte Schaltungen brachte eine weitere Reduzierung von Raumbedarf und der erforderlichen Leistung bis zu den uns heute selbstverständlichen Werten. Damit und vor allem bedingt durch die Preisreduzierung als Folge der billigen Massenproduktion der Bauelemente und integrierten Bausteine wurde es möglich, mit Miniaturbatterien getriebene, bereits zu Barkhausens Zeiten als

Electronic Numerical Integrator and Calculator Eniac - 1945

ca. 20.000 Elektronenröhren

ca. 5t Gewicht

ca. 150.000 W Energieverbrauch

200 µs für eine 10-digit Addition

Kosten ca. 1,000.000,- USD

33 Jahre Evolution

Ein-Chip-Mikrocomputer - 1978

ca. 20.000 Transistoren

ca. 5g Gewicht

Energieverbrauch kleiner 1 W

20 µs für eine 10 digit Addition

Kosten ca. 10,- USD

Abb. 8. Vom ersten Elektronenrechner ENIAC zum Ein-Chip-Mikrocomputer: 33 Jahre Entwicklung [8]

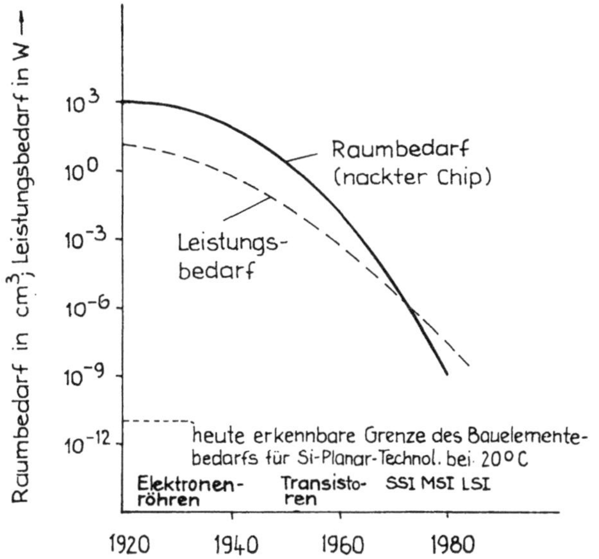

Abb. 9. Entwicklung des Raum- und Leistungsbedarfs einer Stufe mit einem aktiven Bauelement bzw. einer Speicherzelle [4]

teure Spezialgeräte mit großem Raum- und Leistungsbedarf vorhandene Lösungen als billige Massenbedarfsartikel anzubieten. Typische Beispiele hierfür sind Quarzuhren und Taschenrechner. Dies hatte naturgemäß Auswirkungen auf die Einstellung und das Denken der Entwickler derartiger Konsumgüter: fort von der jahrzehntelang gelehrten Devise, daß ein eingesparter Widerstand, Kondensator oder gar eine Röhre das Ziel einer Überleitung einer Entwicklung in die Serie sein muß. Redundanz, d. h. nicht benutzte Teile der hochintegrier-

Abb. 10. Relative Kosten als Funktion der Stückzahl bei verschiedenen Schaltungen [8]

ten Schaltkreise — der Mikroprozessor stellt heute die Spitze dieser Entwicklung dar — wurde zu einem neuen Prinzip.

Naturgemäß brachte dieses Umdenken Schwierigkeiten mit sich. Ein Ingenieur konnte nicht verstehen, warum er mit dem Aufkommen der neuen Technik nunmehr einen Schaltkreis einsetzen sollte, der für die Erfüllung der ihm gestellten Aufgabe „überdimensioniert" ist. Es dauerte einige Zeit, ehe er verstand, daß dies ökonomisch richtig ist, weil ein für die Lösung vieler Probleme geeigneter Baustein in größeren Stückzahlen produziert und damit wesentlich billiger wird. Die Aufgabe des Ingenieurs verschob sich damit vom Entwickler eines Bausteins mit einer speziellen Schaltung zu einer Anpassung vorhandener integrierter Schaltungen an das jeweils zu lösende Problem.

Naturgemäß hatte diese Auffächerung der Aufgaben auch Auswirkungen auf die Ausbildung. Aus der Fachrichtung „Schwachstromtechnik" wurde eine Reihe von Fachrichtungen, die sich mit der Entwicklung und Fertigung der integrierten Schaltkreise beschäftigen bis hin zu Fachrichtungen, bei denen die Anwendung in verschiedenen Gebieten der Technik im Vordergrund steht. Überhaupt ist festzustellen, daß sich eine entsprechende Entwicklung wie auf dem Gebiet der Starkstromtechnik vor einigen Jahrzehnten nunmehr auch in der Schwachstromtechnik vollzog: Dort war der Elektromotor zu einem Element geworden, das auch der Nichtelektrotechniker zur Lösung der Antrittsprobleme einsetzt. In der Schwachstromtechnik stellt heute der Mikroprozessor und Mikrorechner den entsprechenden Baustein dar, der in den verschiedensten Gebieten der Volkswirtschaft von den dort tätigen Ingenieuren angewendet und eingebaut wird.

Damit entstand ein neues Problem: Die Anpassung dieser Rechner und insbesondere deren Programmierung, als Soft-ware bezeichnet. Der heute auszubildende Ingenieur fast aller Fachgebiete muß hier über Kenntnisse verfügen, um die Probleme seines Fachgebietes lösen zu können, und die nächste Generation wird bereits an der Oberschule auf diesem Gebiet Kenntnisse erwerben.

Seit Barkhausens Zeiten sind insbesondere in einer Richtung gewaltige Weiterentwicklungen zu verzeichnen, sowohl was die Theorie als auch was die Technik betrifft. Ich meine die Digitalisierung, über die oben bei der Nachrichtenübertragung bereits kurz berichtet wurde. Mit den integrierten Schaltkreisen wurde hier eine Entwicklung eingeleitet, die heute in alle Gebiete der Technik hineinreicht. Selbst der Konsumgütersektor blieb nicht ausgenommen. Hochwertige elektronische Konsumgüter, wie die digitale Platte (Compact Disc genannt), die Bildplatte, ja selbst hochwertige Audio- und Videoaufzeichnungsgeräte bis hin zum Rundfunk- und Fernsehgerät werden auf dieses Prinzip umgestellt, da die Digitaltechnik entscheidende Verbesserungen hinsichtlich der Wiedergabequalität und Störfreiheit ergibt.

Die enorm schnelle Entwicklung des Integrationsgrades — heute bis zu einer Million Transistoren auf einem Chip — war nur durch Verkleinerung der Abmessungen erreichbar. So betragen heute die Leiterbreiten nur noch 1 μm und z. T. bereits darunter. Damit ist es möglich, Speicherkapazitäten bis zu 1 Mbit — das entspricht ca. 200000 Buchstaben oder 100 Schreibmaschinenseiten — auf einem Chip mit Abmessungen von einigen mm unterzubringen und ein Ende der Entwicklung ist derzeit noch nicht absehbar. Mikroprogramme für Rechner — Logik in Silizium — lassen sich ebenso speichern, wie ganze Rechner auf einem Chip integrieren.

Mit der Erhöhung der Speicherdichte tritt ein neues Problem auf: die Abführung der Wärme. Hierzu werden 2 Wege gegangen: Der eine besteht in der Entwicklung von Halbleiterstrukturen mit geringerer Leistungsaufnahme, sog. CMOS-Schaltkreise, der andere in der Integration spezieller Wärmeleitstempel und Füllung des Gehäuses mit Helium zur Ableitung der Wärme an die Wand des Gehäuses, von wo sie dann mit Kühlrippen oder durch Wärmeleitung z. T. mit Kühlflüssigkeit abgeführt werden kann, sog. Thermal Conduction Module; TCM. Wie immer sind einfachere Lösungen mit Nachteilen auf anderen Gebieten zu bezahlen: Die CMOS-Struktur benötigt weniger Leistung, ist dafür aber langsamer, weshalb für schnelle Schaltungen, z. B. für Hochleistungsrechner, die obengenannte Lösung derzeit bevorzugt wird. Interessant ist auch ein Vergleich der derzeit erreichbaren Werte mit den theoretischen Grenzwerten und mit den von biologischen Strukturen erreichten Werten (Tabelle 1). Man erkennt, daß für eine Weiterentwicklung der Technik noch genügend Spielraum zur Verfügung steht, das Entwicklungstempo der Mikroelektronik also noch mindestens bis zur Jahrhundertwende anhalten wird. Andererseits zeigt der Vergleich mit biologischen Strukturen eine neue Entwicklungsrichtung auf, die bisher in den Anfängen bereits eingeleitet ist.

Den Wissenschaftler und Hochschullehrer Barkhausen zu würdigen ist nicht möglich, ohne seine Art zu denken besonders hervorzuheben. Er betrachtete die Vorgänge stets von ihrem physikalischen Kern her. Die mathematische Darstellung war als spezielle Art einer Modellierung aufzufassen. Diese Denkrichtung, verbunden mit der Fähigkeit „sich wundern“ zu können über unerwartete Auswirkungen von Experimenten, war der Schlüssel zu seinen Entdeckungen; diese Art zu denken sich anzueignen, war der wesentliche Vorzug einer Ausbildung bei ihm. Heute, im Zeitalter der Computer haben wir als Hochschullehrer die Aufgabe, diese Denkrichtung zu pflegen: nur so ist der Blick für das Ganze und die Einschätzung von Ergebnissen, die in z. T. umfangreicher Programmierung und Berechnung mit Computern gefunden wurden, auf ihre Richtigkeit möglich. Im Zeitalter des Rechenstabes waren Überschlagsbetrachtungen und Näherungsrechnungen notwendig, da die Größenordnung der Lösung auf dem Rechenstab nicht abzulesen war, der Rechenstab liefert nur die Ziffernfolge. Mit der Einführung des Computers verlernte man

			Realisierte Werte					
Grenzgröße	Formel	theoretischer Grenzwert	Bedingungen für theoretischen Grenzwert	Video-Magnetband	I^2L **)	im Gehirn	genetisch Doppelhelix	Einheit
Energie	$E_{gr} = kT \ln 2$	$3 \cdot 10^{-21}$	300 °C	10^{-12}	$10^{-12} \ldots 10^{-15}$	10^{-14}	$3 \cdot 10^{-20}$	3
Volumen	$v_{gr} = \frac{E_{gr}}{\omega}$	10^{-20}	300 °C 0,5 Jcm^{-3}	10^{-10}	10^{-7}	10^{-10}	$2 \cdot 10^{-19}$	cm^3
Masse	$m_{gr} = \frac{E_{gr}}{\omega} \cdot \varrho$	10^{-20}	300 °C 0,5 Jcm^{-3}	$5 \cdot 10^{-10}$	$2 \cdot 10^{-7}$	10^{-10}	10^{-21} *)	g
Zeit	$t_{gr} = \frac{h}{E_{gr}}$	$22 \cdot 10^{-13}$	300 °C	10^{-8}	10^{-9}	10^{-3}	$5 \cdot 10^{-4}$	s

*) ohne Berücksichtigung des notwendigen Wassers

**) nur auf Chip ohne Gehäuse bezogen

Tabelle 1. Theoretische Grenzen und praktisch erreichbare Werte [6] zunehmend diese Art zu denken, da dieser die Ergebnisse mit der entsprechenden Kommastellung liefert. Dann ist jedoch die Gefahr sehr groß, daß man dem Ergebnis der Berechnung blindlings glaubt und falsche Ergebnisse infolge eines Programmierfehlers nicht bemerkt.

Diese Art zu denken begründete eine Schule mit Schülern in allen Teilen der Welt. Kurt Schwabe wies 1980 auf diese Fähigkeit hin, als er formulierte [1]: „Während meiner Assistentenzeit in den Jahren 1929 bis 1933 habe ich öfter

Abb. 11. Heinrich Barkhausen bei einer Experimentalvorlesung [1]

an Kolloquien in der Fakultät Elektrotechnik teilgenommen und dabei den klaren Verstand und das sichere Urteilsvermögen von Barkhausen kennengelernt. Ich erinnere mich an einen Vortrag mit einer sehr intensiven Diskussion zwischen zwei Professoren, die sich über bestimmte Probleme des Ladungstransportes in der Oxydschicht nicht einigen konnten. Durch eine einzige Fragestellung von Prof. Barkhausen konnte die Problematik geklärt werden."

Welche Bedeutung Barkhausen Experimenten zumaß, schildert sein Vorlesungsassistent Jan Harmans [1]: „Prof. Barkhausens Gabe, Experimente in unvergeßlicher, einprägsamer Weise vorzuführen, zeigte sich bei einem Vortrag, zu dem Ingenieure anderer Fachrichtungen eingeladen waren, in eindrucksvoller Weise". Dann heißt es weiter: „Um die zu erwartende Vielzahl der Zuschauer mittels eines laufenden Versuches bereits vor Beginn des Vortrags in Stimmung zu bringen, gab mir HB — gemeint ist Heinrich Barkhausen — einen „elektronischen Hund" in Auftrag, der nach dem Prinzip zweier gleichfrequenter Oszillatoren im Mitnahmebereich ruhig bleiben, durch Annähern eines Besuchers aber, aus der Mitnahme gebracht, einen vom Knurren zum Heulen ansteigenden Schwebungston erzeugen sollte. Der aus Blechteilen gebildete Körper des „Hundes", der durch Fellbezug mehr einem Monster als einem Hund ähnelte, den Lautsprecher im grimmig geöffneten Maul montiert, war Schwingkreiskapazität des einen Oszillators, der durch Annähern des Besuchers beeinflußt wurde, während der andere Oszillator abgeschirmt konstant

Abb. 12. Barkhausen-Bau (Teilansicht)

schwang. Das Ganze wurde an der Seite des Hörsaaltisches montiert, an der die eintretenden Besucher nahe vorbei gehen mußten.

Zur Freude und Überraschung der zahlreichen Zuschauer — auch zum Erschrecken einzelner — knurrte und heulte unser „Hund", daß es eine Freude war.

Diese eindrucksvolle Demonstration mitziehender Oszillatoren schon vor Beginn des Vortrags brachte von vornherein eine großartige, gespannte Stimmung, die sich ebenso auf den Vortragenden übertrug, so daß die Veranstaltung ein voller Erfolg wurde, zumal auch der Hauptversuch einwandfrei funktionierte."

Eine große Freude war es für Prof. Barkhausen, daß er den Neubau der Institute der Schwachstromtechnik, des Barkhausen-Baues der TU Dresden noch miterleben durfte. In einem der jährlichen Rundbriefe an seine Schüler schreibt er Weihnachten 1951: „Als weiteres freudiges Ereignis ist zu melden, daß an unserer Hochschule das große neue Schwachstrom-Institut im ersten Teil fertig geworden ist. Am 16. 6. 1951 wurde das Richtfest gefeiert, und im September zog Prof. Frühauf mit seinen und meinen Assistenten und Herrn Wunderlich mit der Werkstatt dort schon ganz hinüber. In den beiden Hörsälen werden schon die Vorlesungen gehalten, und auch das Praktikum für Elektronenröhren und Hochfrequenztechnik konnte im jetzigen Semester

Abb. 13. Institutsausflüge [1]

schon dort stattfinden. Alles hat sich bisher als sehr gut und zweckmäßig erwiesen ... Im nächsten Jahr soll noch ein ebenso großer hinterer Flügel angebaut werden. Mit dem Ausgraben der Fundamente ist schon begonnen worden ... Die gewaltigen Entwicklungen der Schwachstromtechnik haben sich mir besonders eindrucksvoll gezeigt, als zu meinem 70. Geburtstag die ganzen Schwachströmer zu mir hereinströmten und kaum Platz in meinem an sich doch recht großen Zimmer finden konnten."

Barkhausens Persönlichkeit zu würdigen wäre unvollkommen ohne einen Wesenszug besonders hervorzuheben, nämlich seine standhafte Art zur Demonstration seiner aufrechten Gesinnung auch dann, wenn dadurch Schwierigkeiten zu erwarten waren. So zeigte er seine Einstellung zum Nationalsozialismus, als er bei der durch die nationalsozialistische Dozentenschaft unterstützten Ablehnung der Berufung von M. Kluge einen Aushang an der Technischen

Hochschule in Dresden mit der Überschrift anbrachte „Warnung vor dem Studium der Schwachstromtechnik an der Technischen Hochschule Dresden.“

Heinrich Barkhausen war auch ein sehr naturverbundener Mensch. Davon zeugen Institutsausflüge. Ich habe ihn nie krank erlebt, und als er mit fast 70 Jahren das erste Mal eine Kur durchführte, schreibt er in eben diesen oben erwähnten Rundbriefen an seine Schüler im Jahre 1950 [1]:

„Es war endlich wieder einmal ein richtiges Weihnachtswetter mit viel Schnee und prächtiger Ski- und Rodelbahn, die ich freilich nur als Zuschauer genoß. Sonst ist aber nur Gutes von mir zu berichten. Ich war auf Anraten des Arztes im September mit meiner Frau zur Kur in Bad Elster. Früher habe ich solche elegante Kuraufenthalte immer verspottet und auch jetzt hatte ich mir nichts davon versprochen, zwar alle vorgeschriebenen Bäder und Trinken brav eingehalten, aber doch nicht recht ernst genommen, spürte auch zunächst keine Wirkung. Als ich dann aber wieder in Dresden zurück war, fühlte ich mich doch erheblich frischer und tatkräftiger. Ich arbeitete wieder mit Freude im Garten, machte Fahrten nach Berlin und Leipzig zu den Sitzungen der Akademien, deren Mitglied ich bin und habe auch die ‚Elektronenröhren‘ merklich gefördert.“

Mit 75 Jahren ging ein erfülltes Leben zu Ende. Nach seiner Emeritierung schreibt er in diesen Rundbriefen: „Soll ein emeritierter Professor noch Rundschreiben verschicken? Meine Frau sagt: ‚Nein, Emeritierte interessieren nicht mehr.‘ Sie hat wahrscheinlich Recht — ich tue es aber doch. Ich muß Euch doch noch erzählen, wie schön mein emeritiertes Leben ist. Ich hatte ja etwas Angst davor, trotzdem mir meine Frau stets mit Wort und Beispiel klar machte, daß es außer Schwachstrom noch viele andere Dinge gibt, die dem Menschen Freude machen. Meine Frau hat recht gehabt, sie hat meistens recht. Nun verbringe ich meine Tage idyllisch mit spät aufstehen, gut essen, Holz hacken, meinen Garten pflegen, gute Bücher lesen, auch solche, die nicht von Schwachstrom handeln, und dem Umgraben des dritten Bandes der Elektronenröhren — und ich fühle mich wohl dabei.“

Und aus dem letzten Brief aus dem Jahre 1955 sei zum Schluß zitiert: „Wir haben jetzt in der Fakultät für Elektrotechnik außer zwei emeritierten 9 ordentliche Professoren und 17 Lehrbeauftragte. Eine ganz neue Fakultät für Kerntechnik ist gegründet worden. Die Fakultät für Maschinenwesen ist in drei Fakultäten gespaltet worden. Aber mich geht das alles kaum noch etwas an; was mich angeht, das ist mein Haus, mein Garten und mein Buch, die liefern mir meine Arbeit und diese macht mir Freude. Ich habe das Glück gehabt, in jedem Lebensalter die Arbeit gefunden zu haben, die mir Freude macht.“

Literaturverzeichnis

[1] Barkhausen-Komitee bei der AdW der DDR: Heinrich Barkhausen — Festschrift zur Barkhausen-Ehrung. Berlin und Dresden 1981

[2] Barkhausen, H.: Tischrede in Japan am 10. 10. 1938

[3] Barkhausen, H.: Antrittsvorlesung „Die Probleme der Schwachstromtechnik", gehalten am 27. Juli 1911 an der Kgl. techn. Hochschule zu Dresden, Dinglers Polytechnisches Journal **92** (1911), H. 33 u. 34

[4] Woschni, E.-G.: Auswirkungen der Entdeckungen Barkhausens auf die moderne Informationstechnik. Heinrich Barkhausen — Festschrift zur Barkhausen-Ehrung S. 71—79. Berlin und Dresden 1981

[5] Barkhausen, H. (hrsg. und überarbeitet v. E.-G. Woschni): Lehrbuch der Elektronenröhren, 1. Band, 12. Aufl., Leipzig, S. Hirzel-Verlag 1969

[6] Völz, H.: Grenzen und Möglichkeiten der Informationstechnik. Z. elektr. Inform. u. Energietechnik **7** (1977) H. 5, S. 470—477

[7] Diebold Research Programm — Europa, Report Nr. E 146, Okt. 76

[8] Kellermayr, K. H.: Systemtechnik für integrierte Informationstechnik. Habilitationsschrift, Universität Linz, 1987

SITZUNGSBERICHTE DER SÄCHSISCHEN AKADEMIE DER WISSENSCHAFTEN ZU LEIPZIG

BAND 120

MATHEMATISCH-NATURWISSENSCHAFTLICHE KLASSE

AKADEMIE-VERLAG BERLIN

1988

Lizenznummer: 202 · 100/383/88
Satz und Druck: VEB Druckhaus „Maxim Gorki“,
DDR - 7400 Altenburg
Printed in the German Democratic Republic

INHALT